全国技工院校"十二五"系列规划教材

中国机械工业教育协会推荐教材

电气控制线路安装与维修

（任务驱动模式）

工作页

学校 _____

班级 _____

姓名 _____

学号 _____

机械工业出版社

目　录

相关学习资料

【标准规范】

国家职业技能标准　维修电工（2009 版）

国家电气设备安全技术规范 GB 19517—2009

电气技术用文件的编制第 1 部分：规则 GB/T 6988.1—2008

低压配电设计规范 GB 50054—2011

【参考书籍】

李敬梅. 电力拖动控制线路与技能训练 [M]. 北京：中国劳动社会保障出版社，2001.

王　建. 电气控制线路安装与维修 [M]. 北京：中国劳动社会保障出版社，2006.

余　波. 常用机床电气设备维修 [M]. 北京：中国劳动社会保障出版社，2006.

丁宏亮. 维修电工 [M]. 杭州. 浙江科学技术出版社，2009.

李　洋. 新编维修电工手册 [M]. 北京：机械工业出版社，2011.

白　公. 维修电工技能手册 [M]. 2 版. 北京：机械工业出版社，2011.

【网络链接】

中国电工技术学会网

中国低压电器网

中国工控网

上海工业自动化研究所

精品课程网：低压电器控制线路设计、安装与调试

安装调试篇

三相笼型异步电动机手动正转控制线路的安装与调试工作页

编号：**AZ01**

班级		姓名		工作小组		工位号	

资讯	学习本任务之后达到的目标： 完成本任务，并通过查询、参阅相关资料后，回答以下问题： 1. 画出开启式负荷开关、组合开关、熔断器的图形符号，并注明文字符号。 2. 画出三相交流异步电动机的两种接线方式。 3. 组合开关的用途有哪些？安装时要注意哪些问题？ 4. 熔断器的用途有哪些？RL 系列熔断器安装时要注意哪些问题？ 5. 阅读手动正转控制线路的原理图、位置图、接线图，回答以下问题： （1）在配电板上，低压开关一般要求装在什么位置？ （2）哪些电器要经过端子排接线？ （3）电动机保护接地线如何接？

班级		姓名		工作小组		工位号	

计划	计划总工时_____，工作步骤：				
	序号	各工作流程	所需工具或材料	质量、安全、环境监控措施	计划工时
	1	识读原理图、位置图及接线图	图样	节约纸张	
	2	工具仪表，元器件设备检查	器材明细表	数量和质量检查	
	3	按图接线	导线2m	节约导线	
	4	通电前检查	电工仪表	电动机保护接地	
	5	通电试车（有载试车和无载试车）	三相电源	安全防护	

决策	计划提交小组讨论或指导教师审查，形成实施性计划（方案）。修改意见建议： 　　　　　　　　　　　　　　　小组代表（指导教师）签名：
	我的工作计划顺利通过（　　）已作修改（　　），请求实施。

实施	实施过程中出现的问题、原因分析、解决方法：

班级		姓名		工作小组			工位号	
检查	检查项目	评价标准			配分	自检	互检	备注
	准备工作	工具、仪表缺少，每件扣2分 器材缺少，每件扣2分 图样未领或未按要求绘制，扣2~10分			10			
	安装、接线工艺	元器件装错，每处扣5分；未紧固，每处扣2分 不按图接线，每处扣10分 露铜、松动，每处扣5分 接线不美观，扣2~15分			25			
	通电前操作	未进行线号核对检查，扣10分 发现漏接或错接，每处扣2分 不会使用万用表进行电路检查，扣10分 检查过程不完整，每项扣5分			15			
	通电试车	通电操作步骤错误，扣10分 通电不成功，一次扣10分 两次及以上不成功，此项不得分			40			
	安全文明生产	不穿戴劳动防护用品，扣10分 不能遵守7S的工作情况，扣5~10分			10			
	备注	参照国家相关《职业技能标准》和《行业技术标准》制定本检查细则			总分			
					检查员：			
评价	作品展示及小组评议情况记录： 优点： 缺点：							

班级			姓名		工作小组			工位号	

	评价内容	评价标准	配分	自我评价	小组评价	教师评价
评价	方法能力	资料收集整理能力 制订、实施工作计划能力 自主学习能力 独立工作能力	30			
	专业能力	常用低压开关、熔断器等电器的应用能力 分析手动正转控制线路的工作原理能力 手动正转控制线路的安装与调试能力 安全用电操作能力 常用电工工具和仪表的使用能力	50			
	社会能力	沟通协调能力、语言表达能力 团队组织能力、班组管理能力 责任心与职业道德、安全与自我保护能力 环境适应能力	20			
	指导教师描述性评价： 　　　　指导教师签名：　日期：		小计			
			权重			
			总分			

任务实施工作小结反馈：

　　　　　　　　　　　　　　　　　　　　　　　　实施者签名：　日期：

三相笼型异步电动机点动控制线路的安装与调试工作页

编号：AZ02

班级		姓名		工作小组		工位号	
资讯	学习本任务之后达到的目标：						

资讯

学习本任务之后达到的目标：

完成本任务，并通过查询、参阅相关资料后，回答以下问题：

1. 说出交流接触器的功能和主要结构组成。

2. 国家标准规定：起动按钮和停止按钮的颜色如何区分？

3. 画出交流接触器、按钮的图形符号，并标注文字符号。

4. 说出配电板板前配线有哪些规定。

5. 阅读本线路原理图、位置图、接线图，回答以下问题：

（1）在原理图中，电源、主电路、控制电路各放在什么区域？

（2）接线图中，交流接触器如何表示？根据国家标准，A1、A2 是指什么？

| 班级 | | 姓名 | | 工作小组 | | 工位号 | |

<table>
<tr><td rowspan="8">计划</td><td colspan="6">计划总工时_____，工作步骤：</td></tr>
<tr><td>序号</td><td>各工作流程</td><td>所需工具或材料</td><td>质量、安全、
环境监控措施</td><td>计划
工时</td></tr>
<tr><td></td><td></td><td></td><td></td><td></td></tr>
<tr><td></td><td></td><td></td><td></td><td></td></tr>
<tr><td></td><td></td><td></td><td></td><td></td></tr>
<tr><td></td><td></td><td></td><td></td><td></td></tr>
<tr><td></td><td></td><td></td><td></td><td></td></tr>
<tr><td></td><td></td><td></td><td></td><td></td></tr>
</table>

决策	计划提交小组讨论或指导教师审查，形成实施性计划（方案）。修改意见建议： 小组代表（指导教师）签名：
	我的工作计划顺利通过（　　）已作修改（　　），请求实施。
实施	实施过程中出现的问题、原因分析、解决方法：

班级			姓名		工作小组		工位号	
	检查项目	评价标准				配分	自检	互检	备注
检查	准备工作	工具、仪表缺少，每件扣2分 器材缺少，每件扣2分 图样未领或未按要求绘制，扣2~10分				10			
	安装、接线工艺	元器件装错，每处扣5分；未紧固，每处扣2分 不按图接线，每处扣10分 露铜、松动，每处扣5分 接线不美观，扣2~15分				25			
	通电前操作	未进行线号核对检查，扣10分 发现漏接或错接，每处扣2分 不会使用万用表进行电路检查，扣10分 检查过程不完整，每项扣5分				15			
	通电试车	通电操作步骤错误，扣10分 通电不成功，一次扣10分 两次及以上不成功，此项不得分				40			
	安全文明生产	不穿戴劳动防护用品，扣10分 不能遵守7S的工作情况，扣5~10分				10			
	备注	参照国家相关《职业技能标准》和《行业技术标准》制定本检查细则				总分			
						检查员：			
评价	作品展示及小组评议情况记录： 优点： 缺点：								

7

（续）

班级			姓名		工作小组			工位号	

	评价内容	评价标准	配分	自我评价	小组评价	教师评价
评价	方法能力	资料收集整理能力 制订、实施工作计划能力 理论联系实际综合运用能力	30			
	专业能力	常用交流接触器、按钮接线端子的应用能力 点动控制线路工作原理的分析能力 点动控制线路的安装与调试能力 安全用电操作规程的认知能力 电工工具和仪表的使用能力	50			
	社会能力	沟通协调能力、语言表达能力 团队组织能力、班组管理能力 责任心与职业道德、安全与自我保护能力 环境适应能力	20			
	指导教师描述性评价： 指导教师签名：　日期：		小计			
			权重			
			总分			

任务实施工作小结反馈：

实施者签名：　日期：

三相笼型异步电动机自锁正转控制线路的安装与调试工作页

编号：**AZ03**

班级		姓名		工作小组		工位号	

资讯	学习本任务之后达到的目标：
	完成本任务，并通过查询、参阅相关资料后，回答以下问题：
	1. 热继电器有什么作用？什么叫热继电器的整定电流？
	2. 什么叫自锁和自锁触头？自锁触头与起动按钮如何连接？
	3. 自锁正转控制线路有哪几种保护？用什么电器来实现？
	4. 分析三相笼型异步电动机自锁正转控制线路的原理。

班级		姓名		工作小组		工位号	

计划	计划总工时_____，工作步骤：			
	序号	各工作流程	所需工具或材料	质量、安全、环境监控措施	计划工时

决策	计划提交小组讨论或指导教师审查，形成实施性计划（方案）。修改意见建议： 　　　　　　　　　　　　　　小组代表（指导教师）签名：
	我的工作计划顺利通过（　　）已作修改（　　），请求实施。

实施	实施过程中出现的问题、原因分析、解决方法：

班级			姓名		工作小组			工位号		

	检查项目	评价标准			配分	自检	互检	备注
检查	准备工作	工具、仪表缺少，每件扣2分 器材缺少，每件2分 图样未领或未按要求绘制，扣2～10分			10			
	安装、接线工艺	元件装错，每处扣5分；未紧固，每处扣2分 不按图接线，每处扣10分 露铜、松动，每处扣5分 接线不美观，扣2～15分			25			
	通电前操作	未进行线号核对检查，扣10分 发现漏接或错接，每处扣2分 不会使用万用表进行电路检查，扣10分 检查过程不完整，每项扣5分			15			
	通电试车	通电操作步骤错误，扣10分 通电不成功一次，扣10分 两次及以上不成功，此项不得分			40			
	安全文明生产	不穿戴劳动防护用品，扣10分 不能遵守7S的工作情况，扣5～10分			10			
	备注	参照国家相关《职业技能标准》和《行业技术标准》制定本检查细则			总分			
					检查员：			

评价	作品展示及小组评议情况记录： 优点： 缺点：

班级			姓名		工作小组		工位号	
评价	评价内容		评价标准			配分	自我评价	小组评价	教师评价
	方法能力		资料收集整理能力 制订、实施工作计划能力 理论联系实际综合运用能力			30			
	专业能力		常用交流接触器、按钮接线端子的应用能力 分析自锁正转控制线路工作原理的能力 自锁正转控制线路的安装与调试能力 安全用电操作规程的认知能力 电工工具和仪表的使用能力			50			
	社会能力		沟通协调能力、语言表达能力 团队组织能力、班组管理能力 责任心与职业道德、安全与自我保护能力 环境适应能力			20			
	指导教师描述性评价： 　　　　　　　　　　指导教师签名：　　日期：					小计			
						权重			
						总分			

任务实施工作小结反馈：

　　　　　　　　　　　　　　　　　实施者签名：　　日期：

三相笼型异步电动机正反转控制线路的安装与调试工作页

编号：AZ04

班级		姓名		工作小组		工位号	
资讯	学习本任务之后达到的目标：						

学习本任务之后达到的目标：

完成本任务，并通过查询、参阅相关资料后，回答以下问题：

1. 如何改变电动机的转向？

2. 说出联锁的概念，对联锁触点接线有什么要求。

3. 说出电动机正反转控制线路有哪几种形式，列表比较。

4. 画出接触器联锁的正反转控制线路，分析正转起动的工作原理。

班级		姓名		工作小组		工位号	

<table>
<tr><td rowspan="9">计划</td><td colspan="6">计划总工时_____，工作步骤：</td></tr>
<tr><td>序号</td><td>各工作流程</td><td>所需工具或材料</td><td>质量、安全、环境监控措施</td><td>计划工时</td></tr>
<tr><td></td><td></td><td></td><td></td><td></td></tr>
<tr><td></td><td></td><td></td><td></td><td></td></tr>
<tr><td></td><td></td><td></td><td></td><td></td></tr>
<tr><td></td><td></td><td></td><td></td><td></td></tr>
<tr><td></td><td></td><td></td><td></td><td></td></tr>
<tr><td></td><td></td><td></td><td></td><td></td></tr>
</table>

决策	计划提交小组讨论或指导教师审查，形成实施性计划（方案）。修改意见建议： 小组代表（指导教师）签名：
	我的工作计划顺利通过（　　）已作修改（　　），请求实施。
实施	实施过程中出现的问题、原因分析、解决方法：

班级		姓名		工作小组		工位号	
	检查项目	评价标准		配分	自检	互检	备注
检查	准备工作	工具、仪表缺少，每件扣2分 器材缺少，每件扣2分 图样未领或未按要求绘制，扣2~10分		10			
	安装、接线工艺	元器件装错，每处扣5分；未紧固，每处扣2分 不按图接线，每处扣10分 露铜、松动，每处扣5分 接线不美观，扣2~15分		25			
	通电前操作	未进行线号核对检查，扣10分， 发现漏接或错接，每处扣2分 不会使用万用表进行电路检查，扣10分 检查过程不完整，每项扣5分		15			
	通电试车	通电操作步骤错误，扣10分 通电不成功一次，扣10分 两次及以上不成功，此项不得分		40			
	安全文明生产	不穿戴劳动防护用品，扣10分 不能遵守7S的工作情况，扣5~10分		10			
	备注	参照国家相关《职业技能标准》和《行业技术标准》制定本检查细则		总分			
				检查员：			

评价	作品展示及小组评议情况记录： 优点： 缺点：

班级			姓名		工作小组		工位号	

	评价内容	评价标准	配分	自我评价	小组评价	教师评价
评价	方法能力	资料收集整理能力 制订、实施工作计划能力 理论联系实际综合运用能力	30			
	专业能力	常用交流接触器、按钮接线端子的应用能力 接触器联锁正反转控制线路工作原理的分析能力 接触器联锁正反转控制线路的安装与调试能力 安全用电操作规程的认知能力 电工工具和仪表的使用能力	50			
	社会能力	沟通协调能力、语言表达能力 团队组织能力、班组管理能力 责任心与职业道德、安全与自我保护能力 环境适应能力	20			
	指导教师描述性评价： 指导教师签名：　　　日期：		小计			
			权重			
			总分			

任务实施工作小结反馈：

实施者签名：　　　日期：

三相笼型异步电动机位置控制线路的安装与调试工作页

编号：AZ05

班级		姓名		工作小组		工位号	

<table>
<tr><td rowspan="10">资讯</td><td>学习本任务之后达到的目标：</td></tr>
<tr><td>完成本任务，并通过查询、参阅相关资料后，回答以下问题：
1. 画出行程开关的图形符号，并标注文字符号。</td></tr>
<tr><td>2. 说出电动机实现位置控制和自动往返控制的元器件是什么。</td></tr>
<tr><td>3. 说出行程开关 SQ1、SQ2、SQ3、SQ4 在线路中所实现的作用。</td></tr>
<tr><td>4. 说出板前槽板配线的工艺要求。</td></tr>
<tr><td>5. 绘制自动往返控制线路的工作原理图，并分析其工作原理。</td></tr>
</table>

班级		姓名		工作小组		工位号	

<table>
<tr><td rowspan="8">计划</td><td colspan="6">计划总工时_____，工作步骤：</td></tr>
<tr><td>序号</td><td>各工作流程</td><td>所需工具或材料</td><td>质量、安全、环境监控措施</td><td>计划工时</td></tr>
<tr><td></td><td></td><td></td><td></td><td></td></tr>
<tr><td></td><td></td><td></td><td></td><td></td></tr>
<tr><td></td><td></td><td></td><td></td><td></td></tr>
<tr><td></td><td></td><td></td><td></td><td></td></tr>
<tr><td></td><td></td><td></td><td></td><td></td></tr>
<tr><td></td><td></td><td></td><td></td><td></td></tr>
</table>

决策	计划提交小组讨论或指导教师审查，形成实施性计划（方案）。修改意见建议： 　　　　　　　　　　　　　小组代表（指导教师）签名：
	我的工作计划顺利通过（　　）已作修改（　　），请求实施。
实施	实施过程中出现的问题、原因分析、解决方法：

班级			姓名		工作小组		工位号	
检查	检查项目	评价标准				配分	自检	互检	备注
	准备工作	工具、仪表缺少，每件扣2分 器材缺少，每件扣2分 图样未领或未按要求绘制，扣2～10分				10			
	安装、接线工艺	元器件装错，每处扣5分；未紧固，每处扣2分 不按图接线，每处扣10分 露铜、松动，每处扣5分 接线不美观，扣2～15分				25			
	通电前操作	未进行线号核对检查，扣10分 发现漏接或错接，每处扣2分 不会使用万用表进行电路检查，扣10分 检查过程不完整，每项扣5分				15			
	通电试车	通电操作步骤错误，扣10分 通电不成功，一次扣10分 两次及以上不成功，此项不得分				40			
	安全文明生产	不穿戴劳动防护用品，扣10分 不能遵守7S的工作情况，扣5～10分				10			
	备注	参照国家相关《职业技能标准》和《行业技术标准》制定本检查细则				总分			
						检查员：			

评价

作品展示及小组评议情况记录：

优点：

缺点：

班级			姓名		工作小组		工位号		
评价	评价内容		评价标准			配分	自我评价	小组评价	教师评价
	方法能力		资料收集整理能力 制订、实施工作计划能力 理论联系实际综合运用能力			30			
	专业能力		常用行程开关的应用能力 电动机自动往返控制电路的识图分析能力 电动机自动往返控制电路安装与调试能力 安全用电操作规程的认知能力 电工工具和仪表的使用能力			50			
	社会能力		沟通协调能力、语言表达能力 团队组织能力、班组管理能力 责任心与职业道德、安全与自我保护能力 环境适应能力			20			
	指导教师描述性评价：					小计			
						权重			
	指导教师签名：　　日期：					总分			

任务实施工作小结反馈：

实施者签名：　　日期：

三相笼型异步电动机顺序控制线路的安装与调试工作页

编号：AZ06

班级		姓名		工作小组		工位号	

资讯	学习本任务之后达到的目标：
	完成本任务，并通过查询、参阅相关资料后，回答以下问题： 1. 什么叫顺序控制？举例说明顺序控制的应用场合。 2. 电动机实现顺序控制的方法有哪些？ 3. 什么是两地控制？在两地（或多地）控制中，起动按钮、停止按钮是如何连接的？画图说明。 4. 绘制两台电动机顺序起动逆序停止控制线路，并分析其工作原理。

班级		姓名		工作小组		工位号	

	计划总工时_____，工作步骤：				
计划	序号	各工作流程	所需工具或材料	质量、安全、环境监控措施	计划工时

决策	计划提交小组讨论或指导教师审查，形成实施性计划（方案）。修改意见建议： 小组代表（指导教师）签名：
	我的工作计划顺利通过（　　）已作修改（　　），请求实施。
实施	实施过程中出现的问题、原因分析、解决方法：

班级			姓名		工作小组			工位号	
检查	检查项目		评价标准			配分	自检	互检	备注
	准备工作		工具、仪表缺少，每件扣2分 器材缺少，每件扣2分 图样未领或未按要求绘制，扣2~10分			10			
	安装、接线工艺		元器件装错每处扣5分；未紧固，每处扣2分 不按图接线，每处扣10分 露铜、松动，每处扣5分 接线不美观，扣2~15分			25			
	通电前操作		未进行线号核对检查，扣10分 发现漏接或错接，每处扣2分 不会使用万用表进行电路检查，扣10分 检查过程不完整，每项扣5分			15			
	通电试车		通电操作步骤错误，扣10分 通电不成功，一次扣10分 两次及以上不成功，此项不得分			40			
	安全文明生产		不穿戴劳动防护用品，扣10分 不能遵守7S的工作情况，扣5~10分			10			
	备注		参照国家相关《职业技能标准》和《行业技术标准》制定本检查细则			总分			
						检查员：			
评价	作品展示及小组评议情况记录： 优点： 缺点：								

班级			姓名		工作小组			工位号	

评价	评价内容	评价标准		配分	自我评价	小组评价	教师评价
	方法能力	资料收集整理能力 制订、实施工作计划能力 理论联系实际综合运用能力		30			
	专业能力	电动机顺序起动逆序停止控制线路的分析能力 电动机顺序起动逆序停止控制线路的安装与调试能力 安全用电操作规程的操作能力 电工工具和仪表的使用能力		50			
	社会能力	沟通协调能力、语言表达能力 团队组织能力、班组管理能力 责任心与职业道德、安全与自我保护能力 环境适应能力		20			
	指导教师描述性评价：			小计			
				权重			
	指导教师签名： 日期：			总分			

任务实施工作小结反馈：

实施者签名： 日期：

三相笼型异步电动机减压起动控制线路的安装与调试工作页

编号：AZ07

班级		姓名		工作小组		工位号	
资讯	学习本任务之后达到的目标： 完成本任务，并通过查询、参阅相关资料后，回答以下问题： 1. 什么叫减压起动？什么情况下电动机要采用减压起动？三相交流笼型异步电动机减压起动的目的是什么？减压起动包括哪些类型？ 2. 画出时间继电器的图形符号，并标注文字符号。 3. 说出Y联结起动的起动电流和起动转矩与△联结全压起动的起动电流和起动转矩的关系。 4. 列表比较Y-△减压起动、自耦变压器减压起动及软起动的优缺点和适用场合。							

4. 列表比较Y-△减压起动、自耦变压器减压起动及软起动的优缺点和适用场合。

种类	优点	缺点	应用场合
Y-△减压起动			
自耦变压器减压起动			
软起动			

5. 分析三相笼型交流异步电动机时间继电器控制的Y-△减压起动控制线路，并分析其工作原理。

班级		姓名		工作小组		工位号	

<table>
<tr>
<td rowspan="8">计划</td>
<td colspan="6">计划总工时_____，工作步骤：</td>
</tr>
<tr>
<td>序号</td>
<td colspan="2">各工作流程</td>
<td colspan="2">所需工具或材料</td>
<td>质量、安全、
环境监控措施</td>
<td>计划
工时</td>
</tr>
<tr><td></td><td colspan="2"></td><td colspan="2"></td><td></td><td></td></tr>
<tr><td></td><td colspan="2"></td><td colspan="2"></td><td></td><td></td></tr>
<tr><td></td><td colspan="2"></td><td colspan="2"></td><td></td><td></td></tr>
<tr><td></td><td colspan="2"></td><td colspan="2"></td><td></td><td></td></tr>
<tr><td></td><td colspan="2"></td><td colspan="2"></td><td></td><td></td></tr>
<tr><td></td><td colspan="2"></td><td colspan="2"></td><td></td><td></td></tr>
</table>

决策	计划提交小组讨论或指导教师审查，形成实施性计划（方案）。修改意见建议： 　　　　　　　　　　　　　　　　　　小组代表（指导教师）签名：

	我的工作计划顺利通过（　　）已作修改（　　），请求实施。
实施	实施过程中出现的问题、原因分析、解决方法：

班级			姓名		工作小组		工位号			
检查	检查项目		评价标准			配分	自检	互检	备注	
检查	准备工作		工具、仪表缺少，每件扣2分 器材缺少，每件扣2分 图样未领或未按要求绘制，扣2～10分			10				
检查	安装、接线工艺		元器件装错，每处扣5分；未紧固，每处扣2分 不按图接线，每处扣10分 露铜、松动，每处扣5分 接线不美观，扣2～15分			25				
检查	通电前操作		未进行线号核对检查，扣10分 发现漏接或错接，每处扣2分 不会使用万用表进行电路检查，扣10分 检查过程不完整，每项扣5分			15				
检查	通电试车		通电操作步骤错误，扣10分 通电不成功，一次扣10分 两次及以上不成功，此项不得分			40				
检查	安全文明生产		不穿戴劳动防护用品，扣10分 不能遵守7S的工作情况，扣5～10分			10				
检查	备注		参照国家相关《职业技能标准》和《行业技术标准》制定本检查细则			总分				
检查	备注		参照国家相关《职业技能标准》和《行业技术标准》制定本检查细则			检查员：				
评价	作品展示及小组评议情况记录： 优点： 缺点：									

27

班级			姓名		工作小组			工位号		

	评价内容		评价标准			配分	自我评价	小组评价	教师评价
评价	方法能力		资料收集整理能力 制订、实施工作计划能力 自主获取知识与技能的学习能力			30			
	专业能力		时间继电器的应用能力 Y-△控制线路工作原理的分析能力 Y-△起动减压控制线路的安装与调试能力 安全用电操作能力			50			
	社会能力		沟通协调能力、语言表达能力 团队组织能力、班组管理能力 责任心与职业道德、安全与自我保护能力 环境适应能力			20			
	指导教师描述性评价： 　　　　　指导教师签名：　　　日期：					小计			
						权重			
						总分			

任务实施工作小结反馈：

　　　　　　　　　　　　　　　　　　　　　　　　　　实施者签名：　　　日期：

三相笼型异步电动机制动控制线路的安装与调试工作页

编号：AZ08

班级		姓名		工作小组		工位号	
资讯	学习本任务之后达到的目标：						
	完成本任务，并通过查询、参阅相关资料后，回答以下问题： 1. 说出制动的概念和分类。 2. 机械制动包括哪些制动？举例说明应用场合。 3. 什么是能耗制动？说出能耗制动的优缺点及适用场合。 4. 在反接制动中如何控制速度，防止电动机反转？画图说明该电器。 5. 分析电动机无变压器半波能耗制动控制线路的工作原理图。						

班级		姓名		工作小组		工位号	

	计划总工时_____，工作步骤：				
计划	序号	各工作流程	所需工具或材料	质量、安全、环境监控措施	计划工时

决策	计划提交小组讨论或指导教师审查，形成实施性计划（方案）。修改意见建议： 小组代表（指导教师）签名：
	我的工作计划顺利通过（　　）已作修改（　　），请求实施。
实施	实施过程中出现的问题、原因分析、解决方法：

班级			姓名		工作小组		工位号		
	检查项目		评价标准			配分	自检	互检	备注
检查	准备工作		工具、仪表缺少，每件扣2分 器材缺少，每件扣2分 图样未领或未按要求绘制，扣2~10分			10			
	安装、接线工艺		元器件装错，每处扣5分；未紧固，每处扣2分 不按图接线，每处扣10分 露铜、松动，每处扣5分 接线不美观，扣2~15分			25			
	通电前操作		未进行线号核对检查，扣10分 发现漏接或错接，每处扣2分 不会使用万用表进行电路检查，扣10分 检查过程不完整，每项扣5分			15			
	通电试车		通电操作步骤错误，扣10分 通电不成功，一次扣10分 两次及以上不成功，此项不得分			40			
	安全文明生产		不穿戴劳动防护用品，扣10分 不能遵守7S的工作情况，扣5~10分			10			
	备注		参照国家相关《职业技能标准》和《行业技术标准》制定本检查细则			总分			
						检查员：			
评价	作品展示及小组评议情况记录： 优点： 缺点：								

班级			姓名		工作小组		工位号		
评价	评价内容		评价标准			配分	自我评价	小组评价	教师评价
	方法能力		资料收集整理能力 制订、实施工作计划能力 自主获取知识与技能的学习能力			30			
	专业能力		无变压器半波能耗制动控制电路的工作原理分析能力 无变压器半波能耗制动控制线路的安装与调试能力 安全用电操作规程的认知能力 电工工具和仪表的使用能力			50			
	社会能力		沟通协调能力、语言表达能力 团队组织能力、班组管理能力 责任心与职业道德、安全与自我保护能力 环境适应能力			20			
	指导教师描述性评价：					小计			
						权重			
	指导教师签名：　　　　日期：					总分			

任务实施工作小结反馈：

实施者签名：　　　　日期：

三相笼型异步电动机变极调速控制线路的安装与调试工作页

编号：**AZ09**

班级		姓名		工作小组		工位号	
资讯	学习本任务之后达到的目标： 完成本任务，并通过查询、参阅相关资料后，回答以下问题： 1. 说出三相交流电动机有哪几种调速方法。 2. 图示说出双速电动机的变速原理。 3. 分析时间继电器控制的三相双速异步电动机调速控制线路的工作原理（见图1-9-1）。						

班级		姓名		工作小组		工位号	

计划	计划总工时_____，工作步骤：				
	序号	各工作流程	所需工具或材料	质量、安全、环境监控措施	计划工时

决策	计划提交小组讨论或指导教师审查，形成实施性计划（方案）。修改意见建议： 小组代表（指导教师）签名：

实施	我的工作计划顺利通过（　　）已作修改（　　），请求实施。
	实施过程中出现的问题、原因分析、解决方法：

班级		姓名		工作小组		工位号	

	检查项目	评价标准	配分	自检	互检	备注
检查	准备工作	工具、仪表缺少，每件扣2分 器材缺少，每件扣2分 图样未领或未按要求绘制，扣2~10分	10			
	安装、接线工艺	元器件装错，每处扣5分；未紧固，每处扣2分 不按图接线，每处扣10分 露铜、松动，每处扣5分 接线不美观，扣2~15分	25			
	通电前操作	未进行线号核对检查，扣10分 发现漏接或错接，每处扣2分 不会使用万用表进行电路检查，扣10分 检查过程不完整，每项扣5分	15			
	通电试车	通电操作步骤错误，扣10分 通电不成功，一次扣10分 两次及以上不成功，此项不得分	40			
	安全文明生产	不穿戴劳动防护用品，扣10分 不能遵守7S的工作情况，扣5~10分	10			
	备注	参照国家相关《职业技能标准》和《行业技术标准》制定本检查细则	总分			
			检查员：			

评价	作品展示及小组评议情况记录： 优点： 缺点：

班级			姓名			工作小组			工位号	

评价	评价内容		评价标准	配分	自我评价	小组评价	教师评价
	方法能力		资料收集整理能力 制订、实施工作计划能力 自主获取知识与技能的学习能力	30			
	专业能力		常用低压电器的应用能力 双速异步电动机控制线路的工作原理的分析能力 双速异步电动机控制线路的安装与调试能力 安全用电操作规程的认知能力 电工工具和仪表的使用能力	50			
	社会能力		沟通协调能力、语言表达能力 团队组织能力、班组管理能力 责任心与职业道德、安全与自我保护能力 环境适应能力	20			
	指导教师描述性评价：			小计			
				权重			
	指导教师签名： 日期：			总分			

任务实施工作小结反馈：

实施者签名： 日期：

三相绕线转子异步电动机起动与调速控制线路的安装与调试工作页

编号：AZ10

班级		姓名		工作小组		工位号	

<table>
<tr><td rowspan="10">资讯</td><td colspan="7">学习本任务之后达到的目标：</td></tr>
<tr><td colspan="7"></td></tr>
<tr><td colspan="7">完成本任务，并通过查询、参阅相关资料后，回答以下问题：
1. 说出三相绕线转子异步电动机的起动方法。</td></tr>
<tr><td colspan="7">2. 与起动按钮 SB1 串联的 KM1、KM2、KM3 常闭触点的作用是什么？</td></tr>
<tr><td colspan="7">3. 说出转子绕组串电阻起动的优缺点。</td></tr>
<tr><td colspan="7">4. 为什么起重机采用绕线转子异步电动机起动与调速？</td></tr>
<tr><td colspan="7">5. 分析时间继电器自动控制的转子绕组串电阻起动线路的工作原理。</td></tr>
</table>

班级		姓名		工作小组		工位号	

计划总工时_____，工作步骤：

<table>
<tr><td rowspan="7">计划</td><td>序号</td><td>各工作流程</td><td>所需工具或材料</td><td>质量、安全、环境监控措施</td><td>计划工时</td></tr>
<tr><td></td><td></td><td></td><td></td><td></td></tr>
<tr><td></td><td></td><td></td><td></td><td></td></tr>
<tr><td></td><td></td><td></td><td></td><td></td></tr>
<tr><td></td><td></td><td></td><td></td><td></td></tr>
<tr><td></td><td></td><td></td><td></td><td></td></tr>
<tr><td></td><td></td><td></td><td></td><td></td></tr>
</table>

决策	计划提交小组讨论或指导教师审查，形成实施性计划（方案）。修改意见建议： 小组代表（指导教师）签名：
	我的工作计划顺利通过（　　）已作修改（　　），请求实施。
实施	实施过程中出现的问题、原因分析、解决方法：

班级			姓名		工作小组		工位号		
检查	检查项目		评价标准			配分	自检	互检	备注
	准备工作		工具、仪表缺少，每件扣2分 器材缺少，每件扣2分 图样未领或未按要求绘制，扣2～10分			10			
	安装、接线工艺		元器件装错，每处扣5分；未紧固，每处扣2分 不按图接线，每处扣10分 露铜、松动，每处扣5分 接线不美观，扣2～15分			25			
	通电前操作		未进行线号核对检查，扣10分 发现漏接或错接，每处扣2分 不会使用万用表进行电路检查，扣10分 检查过程不完整，每项扣5分			15			
	通电试车		通电操作步骤错误，扣10分 通电不成功，一次扣10分 两次及以上不成功，此项不得分			40			
	安全文明生产		不穿戴劳动防护用品，扣10分 不能遵守7S的工作情况，扣5～10分			10			
	备注		参照国家相关《职业技能标准》和《行业技术标准》制定本检查细则			总分			
						检查员：			
评价	作品展示及小组评议情况记录： 优点： 缺点：								

班级			姓名		工作小组			工位号		
评价	评价内容		评价标准				配分	自我评价	小组评价	教师评价
	方法能力		资料收集整理能力 制订、实施工作计划能力 自主获取知识与技能的学习能力				30			
	专业能力		常用低压电器的应用能力 转子绕组串电阻起动控制线路的分析能力 转子绕组串电阻起动控制线路的安装与调试能力 安全用电操作规程的认知能力 电工工具和仪表的使用能力				50			
	社会能力		沟通协调能力、语言表达能力 团队组织能力、班组管理能力 责任心与职业道德、安全与自我保护能力 环境适应能力				20			
	指导教师描述性评价： 　　　　　　指导教师签名：　　　　日期：						小计			
							权重			
							总分			

任务实施工作小结反馈：

　　　　　　　　　　　　　　　　　　　　　　　实施者签名：　　　日期：

分析检修篇

CA6150 型卧式车床电气控制线路的分析与检修工作页

编号：JX01

班级		姓名		工作小组		工位号	
资讯	学习本任务之后达到的目标：						
	完成本任务，并通过查询、参阅相关资料后，回答以下问题： 1. 简述电气设备故障检修的一般方法。 2. 电压法检修故障时要注意哪些问题？ 3. 在 CA6150 型车床电气控制线路中有几台电动机？它们的作用分别是什么？ 4. CA6150 型车床中，若主轴电动机 M1 只能点动，则可能的故障原因有哪些？ 5. 冷却泵电动机 M2 和刀架快速移动电动机 M3 为什么用中间继电器控制而不用接触器控制？						

班级		姓名		工作小组		工位号	

<table>
<tr>
<td rowspan="1">计划</td>
<td>计划工时：　　需要准备的工具：
工作步骤：

</td>
</tr>
<tr>
<td rowspan="1">决策</td>
<td>计划提交小组讨论或指导教师审查，形成实施性计划（方案）。修改意见建议：

　　　　　　　　　　　　　　　小组代表（指导教师）签名：</td>
</tr>
<tr>
<td rowspan="1">实施</td>
<td>我的工作计划顺利通过（　　）已作修改（　　），请求实施。

任务一：故障现象＿＿＿＿＿＿＿＿＿＿＿＿＿＿＿＿＿＿＿＿＿＿＿＿
故障范围判定＿＿＿＿＿＿＿＿＿＿＿＿＿＿＿＿＿＿＿＿＿＿＿＿＿＿
＿＿＿＿＿＿＿＿＿＿＿＿＿＿＿＿＿＿＿＿＿＿＿＿＿＿＿＿＿＿＿＿
排除故障经过＿＿＿＿＿＿＿＿＿＿＿＿＿＿＿＿＿＿＿＿＿＿＿＿＿＿
＿＿＿＿＿＿＿＿＿＿＿＿＿＿＿＿＿＿＿＿＿＿＿＿＿＿＿＿＿＿＿＿
＿＿＿＿＿＿＿＿＿＿＿＿＿＿＿＿＿＿＿＿＿＿＿＿＿＿＿＿＿＿＿＿
实际故障点＿＿＿＿＿＿＿＿＿＿＿＿＿＿＿＿＿＿＿＿＿＿＿＿＿＿＿＿
任务二：故障现象＿＿＿＿＿＿＿＿＿＿＿＿＿＿＿＿＿＿＿＿＿＿＿＿
故障范围判定＿＿＿＿＿＿＿＿＿＿＿＿＿＿＿＿＿＿＿＿＿＿＿＿＿＿
＿＿＿＿＿＿＿＿＿＿＿＿＿＿＿＿＿＿＿＿＿＿＿＿＿＿＿＿＿＿＿＿
排除故障经过＿＿＿＿＿＿＿＿＿＿＿＿＿＿＿＿＿＿＿＿＿＿＿＿＿＿
＿＿＿＿＿＿＿＿＿＿＿＿＿＿＿＿＿＿＿＿＿＿＿＿＿＿＿＿＿＿＿＿
＿＿＿＿＿＿＿＿＿＿＿＿＿＿＿＿＿＿＿＿＿＿＿＿＿＿＿＿＿＿＿＿
实际故障点＿＿＿＿＿＿＿＿＿＿＿＿＿＿＿＿＿＿＿＿＿＿＿＿＿＿＿＿
任务三：故障现象＿＿＿＿＿＿＿＿＿＿＿＿＿＿＿＿＿＿＿＿＿＿＿＿
故障范围判定＿＿＿＿＿＿＿＿＿＿＿＿＿＿＿＿＿＿＿＿＿＿＿＿＿＿
＿＿＿＿＿＿＿＿＿＿＿＿＿＿＿＿＿＿＿＿＿＿＿＿＿＿＿＿＿＿＿＿
排除故障经过＿＿＿＿＿＿＿＿＿＿＿＿＿＿＿＿＿＿＿＿＿＿＿＿＿＿
＿＿＿＿＿＿＿＿＿＿＿＿＿＿＿＿＿＿＿＿＿＿＿＿＿＿＿＿＿＿＿＿
＿＿＿＿＿＿＿＿＿＿＿＿＿＿＿＿＿＿＿＿＿＿＿＿＿＿＿＿＿＿＿＿
实际故障点＿＿＿＿＿＿＿＿＿＿＿＿＿＿＿＿＿＿＿＿＿＿＿＿＿＿＿＿</td>
</tr>
</table>

班级		姓名		工作小组		工位号	

	检查项目	评 价 标 准	配分	自检	互检	备注
检查	通过操作正确判定故障现象	操作不规范，每次扣 2 分 未能观察到机床故障，每处故障扣 5 分	10			
	正确分析故障范围	故障区域判断错误，每次扣 5 分 分析电路思路不清，每次扣 2 分 故障区域判断过大，每次扣 2 分	20			
	正确排除故障，思路清楚，会使用仪表，准确修复故障	不能排除故障，每处扣 20 分 排除故障思路不清，每处扣 5 分 排除故障方法不正确，每次扣 5 ~ 10 分 仪表使用不正确，每次扣 3 分 扩大故障不能自行修复，每处扣 10 分；自行修复，每处扣 5 分 发生短路现象，每次扣 10 分（包括被监考制止） 损坏器材仪表，每次扣 10 分 修复故障时接错线，每次（条）扣 5 分 严重损坏设备及造成事故的，扣单项 30 ~ 60 分	60			
	严格遵守操作规程，做到安全文明操作	穿戴不符合要求或工具仪表不齐，扣 5 分 违规操作，每次扣 5 分	10			
	备注	参照国家相关《职业技能标准》和《行业技术标准》制定本检查细则	总分			
			检查员：			

检修情况记录：

班级		姓名		工作小组		工位号		
评价	评价内容	评价标准			配分	自我评价	小组评价	教师评价
	方法能力	电气故障检修组织实施能力 制订、实施工作计划能力 查询电气故障检查方法能力			30			
	专业能力	CA6150 型车床线路图的识读能力 CA6150 型车床工电气设备的操作能力 CA6150 型车床电气故障的诊断和排除能力 安全用电操作规程的认知能力 电工工具和仪表的使用能力			50			
	社会能力	沟通协调能力、语言表达能力 团队组织能力、班组管理能力 责任心与职业道德、安全与自我保护能力 环境适应能力			20			
	指导教师描述性评价： 　　　　　指导教师签名：　　日期：				小计			
					权重			
					总分			

任务实施工作小结反馈：

　　　　　　　　　　　　　　　　　　　　　　　实施者签名：　　日期：

Z3050 型摇臂钻床电气控制线路的分析与检修工作页

编号：JX02

班级		姓名		工作小组		工位号	

资讯	学习本任务之后达到的目标：
	完成本任务，并通过查询、参阅相关资料后，回答以下问题：
	1. 在 Z3050 型摇臂钻床电气控制线路中有几台电动机？它们的作用分别是什么？
	2. Z3050 型摇臂钻床中是如何实现零电压保护的？
	3. Z3050 型摇臂钻床的摇臂上升后不能完全夹紧，可能的故障原因是什么？
	4. 如何保证 Z3050 型摇臂钻床的摇臂上升或下降不能超出允许的极限位置？
	5. 简述 Z3050 型摇臂钻床摇臂下降的控制过程。
	6. Z3050 型摇臂钻床大修后，若摇臂升降电动机的三相电源接反会发生什么事故？

班级		姓名		工作小组		工位号	

计划	计划工时：　　　需要准备的工具： 工作步骤： 检修方法：
决策	计划提交小组讨论或指导教师审查，形成实施性计划（方案）。修改意见建议： 　　　　　　　　　　　　　　小组代表（指导教师）签名：
	我的工作计划顺利通过（　　）已作修改（　　），请求实施。
实施	任务一：故障现象_____ 故障范围判定_____ _____ 排除故障经过_____ _____ _____ 实际故障点_____ 任务二：故障现象_____ 故障范围判定_____ _____ 排除故障经过_____ _____ _____ 实际故障点_____ 任务三：故障现象_____ 故障范围判定_____ _____ 排除故障经过_____ _____ _____ 实际故障点_____

班级			姓名		工作小组			工位号	
检查	检查项目		评价标准			配分	自检	互检	备注
	通过操作正确判定故障现象		操作不规范，每次扣2分 未能观察到机床故障，每处故障扣5分			10			
	正确分析故障范围		故障区域判断错误，每次扣5分 分析电路思路不清，每次扣2分 故障区域判断过大，每次扣2分			20			
	正确排除故障，思路清楚，会使用仪表，准确修复故障		不能排除故障，每处扣20分 排除故障思路不清，每处扣5分 排除故障方法不正确，每次扣5~10分 仪表使用不正确，每次扣3分 扩大故障不能自行修复，每处扣10分；自行修复，每处扣5分 发生短路现象，每次扣10分（包括被监考制止） 损坏器材仪表，每次扣10分 修复故障时接错线，每次（条）扣5分 严重损坏设备及造成事故的，扣单项30~60分			60			
	严格遵守操作规程，做到安全文明操作		穿戴不符合要求或工具仪表不齐，扣5分 违规操作，每次扣5分			10			
	备注		参照国家相关《职业技能标准》和《行业技术标准》制定本检查细则			总分			
						检查员：			

检修情况记录：

班级			姓名		工作小组		工位号	

评价	评价内容		评价标准	配分	自我评价	小组评价	教师评价
	方法能力		电气故障检修组织实施能力 制订、实施工作计划能力 查询电气故障检查方法能力	30			
	专业能力		Z3050 型钻床线路图的识读能力 Z3050 型钻床电气设备的操作能力 Z3050 型钻床电气故障的诊断和排除能力 安全用电操作规程的认知能力 电工工具和仪表的使用能力	50			
	社会能力		沟通协调能力、语言表达能力 团队组织能力、班组管理能力 责任心与职业道德、安全与自我保护能力 环境适应能力	20			
	指导教师描述性评价： 指导教师签名：　　　日期：			小计			
				权重			
				总分			

任务实施工作小结反馈：

实施者签名：　　　日期：

M7130 型平面磨床电气控制线路的分析与检修工作页

编号：JX03

班级		姓名		工作小组		工位号	

资讯	学习本任务之后达到的目标：
	完成本任务，并通过查询、参阅相关资料后，回答以下问题： 1. M7130 型平面磨床电气控制线路中有几台电动机？它们的作用分别是什么？ 2. M7130 型平面磨床电磁吸盘夹持工件有什么特点？ 3. 为什么电磁吸盘要用直流电而不用交流电？ 4. M7130 型平面磨床电磁吸盘吸力不足会造成什么后果？如何防止出现这种现象？ 5. M7130 型平面磨床电气控制电路中，欠电流继电器 KA 和电阻 R3 的作用分别是什么？

班级		姓名		工作小组		工位号	
计划	计划工时：　　需要准备的工具： 工作步骤： 检修方法： 						
决策	计划提交小组讨论或指导教师审查，形成实施性计划（方案）。修改意见建议： 　　　　　　　　　　　　　小组代表（指导教师）签名：						
实施	我的工作计划顺利通过（　　　）已作修改（　　），请求实施。 　　任务一：故障现象＿＿＿＿＿＿＿＿＿＿＿＿＿＿＿＿＿＿ 　　故障范围判定＿＿＿＿＿＿＿＿＿＿＿＿＿＿＿＿＿＿ 　　＿＿＿＿＿＿＿＿＿＿＿＿＿＿＿＿＿＿＿＿＿＿＿＿ 　　排除故障经过＿＿＿＿＿＿＿＿＿＿＿＿＿＿＿＿＿＿ 　　＿＿＿＿＿＿＿＿＿＿＿＿＿＿＿＿＿＿＿＿＿＿＿＿ 　　＿＿＿＿＿＿＿＿＿＿＿＿＿＿＿＿＿＿＿＿＿＿＿＿ 　　实际故障点＿＿＿＿＿＿＿＿＿＿＿＿＿＿＿＿＿＿＿ 　　任务二：故障现象＿＿＿＿＿＿＿＿＿＿＿＿＿＿＿＿ 　　故障范围判定＿＿＿＿＿＿＿＿＿＿＿＿＿＿＿＿＿＿ 　　＿＿＿＿＿＿＿＿＿＿＿＿＿＿＿＿＿＿＿＿＿＿＿＿ 　　排除故障经过＿＿＿＿＿＿＿＿＿＿＿＿＿＿＿＿＿＿ 　　＿＿＿＿＿＿＿＿＿＿＿＿＿＿＿＿＿＿＿＿＿＿＿＿ 　　＿＿＿＿＿＿＿＿＿＿＿＿＿＿＿＿＿＿＿＿＿＿＿＿ 　　实际故障点＿＿＿＿＿＿＿＿＿＿＿＿＿＿＿＿＿＿＿ 　　任务三：故障现象＿＿＿＿＿＿＿＿＿＿＿＿＿＿＿＿ 　　故障范围判定＿＿＿＿＿＿＿＿＿＿＿＿＿＿＿＿＿＿ 　　＿＿＿＿＿＿＿＿＿＿＿＿＿＿＿＿＿＿＿＿＿＿＿＿ 　　排除故障经过＿＿＿＿＿＿＿＿＿＿＿＿＿＿＿＿＿＿ 　　＿＿＿＿＿＿＿＿＿＿＿＿＿＿＿＿＿＿＿＿＿＿＿＿ 　　＿＿＿＿＿＿＿＿＿＿＿＿＿＿＿＿＿＿＿＿＿＿＿＿ 　　实际故障点＿＿＿＿＿＿＿＿＿＿＿＿＿＿＿＿＿＿＿						

班级			姓名		工作小组			工位号	
检查	检查项目		评 价 标 准			配分	自检	互检	备注
	通过操作正确判定故障现象		操作不规范，每次扣2分 未能观察到机床故障，每处故障扣5分			10			
	正确分析故障范围		故障区域判断错误，每次扣5分 分析电路思路不清，每次扣2分 故障区域判断过大，每次扣2分			20			
	正确排除故障，思路清楚，会使用仪表，准确修复故障		不能排除故障，每处扣20分 排除故障思路不清，每处扣5分 排除故障方法不正确，每次扣5~10分 仪表使用不正确，每次扣3分 扩大故障不能自行修复，每处扣10分；自行修复，每处扣5分 发生短路现象，每次扣10分（包括被监考制止） 损坏器材仪表，每次扣10分 修复故障时接错线，每次（条）扣5分 严重损坏设备及造成事故的，扣单项30~60分			60			
	严格遵守操作规程，做到安全文明操作		穿戴不符合要求或工具仪表不齐，扣5分 违规操作，每次扣5分			10			
	备注		参照国家相关《职业技能标准》和《行业技术标准》制定本检查细则			总分			
						检查员：			

检修情况记录：

班级		姓名		工作小组			工位号	

评价	评价内容	评价标准	配分	自我评价	小组评价	教师评价
	方法能力	电气故障检修组织实施能力 制订、实施工作计划能力 查询电气故障检查方法能力	30			
	专业能力	M7130 型磨床线路图的识读能力 M7130 型磨床电气设备的操作能力 M7130 型磨床电气故障的诊断和排除能力 安全用电操作规程的认知能力 电工工具和仪表的使用能力	50			
	社会能力	沟通协调能力、语言表达能力 团队组织能力、班组管理能力 责任心与职业道德、安全与自我保护能力 环境适应能力	20			
	指导教师描述性评价： 　　　　　指导教师签名：　　日期：		小计			
			权重			
			总分			

任务实施工作小结反馈：

　　　　　　　　　　　　　　　　　　　　　　　　实施者签名：　　日期：

X62W 型万能铣床电气控制线路的分析与检修工作页

编号：JX04

班级		姓名		工作小组		工位号	

<table>
<tr>
<td rowspan="6">资讯</td>
<td>学习本任务之后达到的目标：</td>
</tr>
<tr>
<td>
完成本任务，你可能还要通过查询、参阅相关资料后，回答以下问题：
1. 在 X62W 型铣床电气控制中，主轴起动与停止控制、主轴控制与进给控制以及快速进给控制各采用了什么控制方式？
</td>
</tr>
<tr>
<td>2. 写出工作台向右进给的电流通道。</td>
</tr>
<tr>
<td>3. 写出工作台向后、向上进给的电流通道。</td>
</tr>
<tr>
<td>4. 写出"圆工作台"进给的电流通道。</td>
</tr>
<tr>
<td>
5. 写出工作台进给变速冲动的电流通道。

6. 在运行中发现主轴正转有制动，反转无制动，你能通过原理图的分析将故障判定在最小范围内吗？
</td>
</tr>
</table>

班级		姓名		工作小组		工位号	

计划	计划工时：　　　需要准备的工具： 工作步骤： 检修方法：
决策	计划提交小组讨论或指导教师审查，形成实施性计划（方案）。修改意见建议： 　　　　　　　　　　　　　　小组代表（指导教师）签名：
	我的工作计划顺利通过（　　）已作修改（　　），请求实施。
实施	任务一：故障现象＿＿＿＿＿＿＿＿＿＿＿＿＿＿＿＿＿＿＿＿＿＿＿ 故障范围判定＿＿＿＿＿＿＿＿＿＿＿＿＿＿＿＿＿＿＿＿＿＿＿＿ ＿＿＿＿＿＿＿＿＿＿＿＿＿＿＿＿＿＿＿＿＿＿＿＿＿＿＿＿＿＿＿ 排除故障经过＿＿＿＿＿＿＿＿＿＿＿＿＿＿＿＿＿＿＿＿＿＿＿＿ ＿＿＿＿＿＿＿＿＿＿＿＿＿＿＿＿＿＿＿＿＿＿＿＿＿＿＿＿＿＿＿ ＿＿＿＿＿＿＿＿＿＿＿＿＿＿＿＿＿＿＿＿＿＿＿＿＿＿＿＿＿＿＿ 实际故障点＿＿＿＿＿＿＿＿＿＿＿＿＿＿＿＿＿＿＿＿＿＿＿＿＿＿ 任务二：故障现象＿＿＿＿＿＿＿＿＿＿＿＿＿＿＿＿＿＿＿＿＿＿＿ 故障范围判定＿＿＿＿＿＿＿＿＿＿＿＿＿＿＿＿＿＿＿＿＿＿＿＿ ＿＿＿＿＿＿＿＿＿＿＿＿＿＿＿＿＿＿＿＿＿＿＿＿＿＿＿＿＿＿＿ 排除故障经过＿＿＿＿＿＿＿＿＿＿＿＿＿＿＿＿＿＿＿＿＿＿＿＿ ＿＿＿＿＿＿＿＿＿＿＿＿＿＿＿＿＿＿＿＿＿＿＿＿＿＿＿＿＿＿＿ ＿＿＿＿＿＿＿＿＿＿＿＿＿＿＿＿＿＿＿＿＿＿＿＿＿＿＿＿＿＿＿ 实际故障点＿＿＿＿＿＿＿＿＿＿＿＿＿＿＿＿＿＿＿＿＿＿＿＿＿＿ 任务三：故障现象＿＿＿＿＿＿＿＿＿＿＿＿＿＿＿＿＿＿＿＿＿＿＿ 故障范围判定＿＿＿＿＿＿＿＿＿＿＿＿＿＿＿＿＿＿＿＿＿＿＿＿ ＿＿＿＿＿＿＿＿＿＿＿＿＿＿＿＿＿＿＿＿＿＿＿＿＿＿＿＿＿＿＿ 排除故障经过＿＿＿＿＿＿＿＿＿＿＿＿＿＿＿＿＿＿＿＿＿＿＿＿ ＿＿＿＿＿＿＿＿＿＿＿＿＿＿＿＿＿＿＿＿＿＿＿＿＿＿＿＿＿＿＿ ＿＿＿＿＿＿＿＿＿＿＿＿＿＿＿＿＿＿＿＿＿＿＿＿＿＿＿＿＿＿＿ 实际故障点＿＿＿＿＿＿＿＿＿＿＿＿＿＿＿＿＿＿＿＿＿＿＿＿＿＿

班级		姓名		工作小组		工位号		
检查	检查项目	评价标准			配分	自检	互检	备注
	通过操作正确判定故障现象	操作不规范，每次扣2分 未能观察到机床故障，每故障扣5分			10			
	正确分析故障范围	故障区域判断错误，每次扣5分 分析电路思路不清，每次扣2分 故障区域判断过大，每次扣2分			20			
	正确排除故障，思路清楚，会使用仪表，准确修复故障	不能排除故障，每处扣20分 排除故障思路不清，每处扣5分 排除故障方法不正确，每次扣5~10分 仪表使用不正确，每次扣3分 扩大故障不能自行修复，每处扣10分；自行修复，每处扣5分 发生短路现象，每次扣10分（包括被监考制止） 损坏器材仪表，每次扣10分 修复故障时接错线，每次（条）扣5分 严重损坏设备及造成事故的，扣单项30~60分			60			
	严格遵守操作规程，做到安全文明操作	穿戴不符合要求或工具仪表不齐，扣5分 违规操作，每次扣5分			10			
	备注	参照国家相关《职业技能标准》和《行业技术标准》制定本检查细则			总分			
					检查员：			

检修情况记录：

班级			姓名		工作小组			工位号	

	评价内容	评价标准	配分	自我评价	小组评价	教师评价
评价	方法能力	电气故障检修组织实施能力 制订、实施工作计划能力 查询电气故障检查方法能力	30			
	专业能力	X62W 型铣床线路图的识读能力 X62W 型铣床电气设备的操作能力 X62W 型铣床电气故障的诊断和排除能力 安全用电操作规程的认知能力 电工工具和仪表的使用能力	50			
	社会能力	沟通协调能力、语言表达能力 团队组织能力、班组管理能力 责任心与职业道德、安全与自我保护能力 环境适应能力	20			
	指导教师描述性评价： 指导教师签名：　　日期：		小计			
			权重			
			总分			

任务实施工作小结反馈：

实施者签名：　　日期：

T68 型卧式镗床电气控制线路的分析与检修工作页

编号：**JX05**

班级		姓名		工作小组		工位号	

<table>
<tr>
<td rowspan="7">资讯</td>
<td>学习本任务之后达到的目标：</td>
</tr>
<tr>
<td>
完成本任务，并通过查询、参阅相关资料后，回答以下问题：
1. 说出 T68 型镗床的主要工作状态，并采用什么控制方式。
</td>
</tr>
<tr>
<td>
2. 说出 T68 型镗床低速正转控制、低速反转控制时继电器、接触器的线圈得电顺序。
</td>
</tr>
<tr>
<td>
3. 说出 T68 型镗床高速正转控制、高速反转控制时继电器、接触器的线圈得电顺序。
</td>
</tr>
<tr>
<td>
4. 说出 T68 型镗床运行时变速控制流程。
</td>
</tr>
<tr>
<td>
5. T68 型镗床变速时，怎样产生慢速冲动？（分析原理）
</td>
</tr>
<tr>
<td>
6. 若 SQ3、SQ5 和 SQ4、SQ6 有一组未被压迫，机床通电后会产生什么动作状态？
</td>
</tr>
</table>

班级		姓名		工作小组		工位号	

计划	计划工时：　　需要准备的工具： 工作步骤： 检修方法：
决策	计划提交小组讨论或指导教师审查，形成实施性计划（方案）。修改意见建议： 　　　　　　　　　　　　　　小组代表（指导教师）签名：
	我的工作计划顺利通过（　　）已作修改（　　）请求实施
实施	任务一：故障现象＿＿＿＿＿＿＿＿＿＿＿＿＿＿＿＿＿＿＿＿＿＿＿＿＿＿ 故障范围判定＿＿＿＿＿＿＿＿＿＿＿＿＿＿＿＿＿＿＿＿＿＿＿＿＿＿＿ ＿＿＿＿＿＿＿＿＿＿＿＿＿＿＿＿＿＿＿＿＿＿＿＿＿＿＿＿＿＿＿＿＿ 排除故障经过＿＿＿＿＿＿＿＿＿＿＿＿＿＿＿＿＿＿＿＿＿＿＿＿＿＿＿ ＿＿＿＿＿＿＿＿＿＿＿＿＿＿＿＿＿＿＿＿＿＿＿＿＿＿＿＿＿＿＿＿＿ ＿＿＿＿＿＿＿＿＿＿＿＿＿＿＿＿＿＿＿＿＿＿＿＿＿＿＿＿＿＿＿＿＿ 实际故障点＿＿＿＿＿＿＿＿＿＿＿＿＿＿＿＿＿＿＿＿＿＿＿＿＿＿＿＿ 任务二：故障现象＿＿＿＿＿＿＿＿＿＿＿＿＿＿＿＿＿＿＿＿＿＿＿＿＿＿ 故障范围判定＿＿＿＿＿＿＿＿＿＿＿＿＿＿＿＿＿＿＿＿＿＿＿＿＿＿＿ ＿＿＿＿＿＿＿＿＿＿＿＿＿＿＿＿＿＿＿＿＿＿＿＿＿＿＿＿＿＿＿＿＿ 排除故障经过＿＿＿＿＿＿＿＿＿＿＿＿＿＿＿＿＿＿＿＿＿＿＿＿＿＿＿ ＿＿＿＿＿＿＿＿＿＿＿＿＿＿＿＿＿＿＿＿＿＿＿＿＿＿＿＿＿＿＿＿＿ ＿＿＿＿＿＿＿＿＿＿＿＿＿＿＿＿＿＿＿＿＿＿＿＿＿＿＿＿＿＿＿＿＿ 实际故障点＿＿＿＿＿＿＿＿＿＿＿＿＿＿＿＿＿＿＿＿＿＿＿＿＿＿＿＿ 任务三：故障现象＿＿＿＿＿＿＿＿＿＿＿＿＿＿＿＿＿＿＿＿＿＿＿＿＿＿ 故障范围判定＿＿＿＿＿＿＿＿＿＿＿＿＿＿＿＿＿＿＿＿＿＿＿＿＿＿＿ ＿＿＿＿＿＿＿＿＿＿＿＿＿＿＿＿＿＿＿＿＿＿＿＿＿＿＿＿＿＿＿＿＿ 排除故障经过＿＿＿＿＿＿＿＿＿＿＿＿＿＿＿＿＿＿＿＿＿＿＿＿＿＿＿ ＿＿＿＿＿＿＿＿＿＿＿＿＿＿＿＿＿＿＿＿＿＿＿＿＿＿＿＿＿＿＿＿＿ ＿＿＿＿＿＿＿＿＿＿＿＿＿＿＿＿＿＿＿＿＿＿＿＿＿＿＿＿＿＿＿＿＿ 实际故障点＿＿＿＿＿＿＿＿＿＿＿＿＿＿＿＿＿＿＿＿＿＿＿＿＿＿＿＿

班级		姓名		工作小组		工位号	

	检查项目	评价标准	配分	自检	互检	备注
检查	通过操作正确判定故障现象	操作不规范，每次扣2分 未能观察到机床故障，每故障扣5分	10			
	正确分析故障范围	故障区域判断错误，每次扣5分 分析电路思路不清，每次扣2分 故障区域判断过大，每次扣2分	20			
	正确排除故障，思路清楚，会使用仪表，准确修复故障	不能排除故障，每处扣20分 排除故障思路不清，每处扣5分 排除故障方法不正确，每次扣5~10分 仪表使用不正确，每次扣3分 扩大故障不能自行修复，每处扣10分；自行修复，每处扣5分 发生短路现象，每次扣10分（包括被监考制止） 损坏器材仪表，每次扣10分 修复故障时接错线，每次（条）扣5分 严重损坏设备及造成事故的，扣单项30~60分	60			
	严格遵守操作规程，做到安全文明操作	穿戴不符合要求或工具仪表不齐，扣5分 违规操作，每次扣5分	10			
	备注	参照国家相关《职业技能标准》和《行业技术标准》制定本检查细则	总分 检查员：			

检修情况记录：

班级			姓名		工作小组		工位号	
评价	评价内容		评价标准			配分	自我评价	小组评价	教师评价
	方法能力		电气故障检修组织实施能力 制订、实施工作计划能力 查询电气故障检查方法能力			30			
	专业能力		T68型卧式镗床线路图的识读能力 T68型卧式镗床电气设备的操作能力 T68型卧式镗床电气故障的诊断和排除能力 安全用电操作规程的认知能力 电工工具和仪表的使用能力			50			
	社会能力		沟通协调能力、语言表达能力 团队组织能力、班组管理能力 责任心与职业道德、安全与自我保护能力 环境适应能力			20			
	指导教师描述性评价： 指导教师签名：　　日期：					小计			
						权重			
						总分			

任务实施工作小结反馈：

实施者签名：　　日期：

20/5t 桥式起重机电气控制线路的分析与检修工作页

编号：**JX06**

班级		姓名		工作小组		工位号	
资讯	学习本任务之后达到的目标： 完成本任务，并通过查询、参阅相关资料后，回答以下问题： 1. 若按下 SB，电源接触器 KM 线圈不得电，应检测哪条支路？以电流走向的方式写出。 2. 若按下 SB，电源接触器点动控制，应检测哪条支路？以电流走向的方式写出。 3. 若小车不能向后运行，用万用表电压法或电阻法检测时，小车控制凸轮控制器应打至什么位置？为什么？ 4. 主钩控制回路中，KM6、KM7、KM8 是什么控制方式？ 5. 原理图中，28 区的 KM1 常开辅助触点与 33 区的 KM9 常开辅助触点串联支路的作用是什么？ 6. 主钩电动机为什么采用断相保护的双抱闸制动？主钩电动机断相的后果是什么？							

班级		姓名		工作小组		工位号	
计划	计划工时：　　需要准备的工具： 工作步骤： 检修方法：						
决策	计划提交小组讨论或指导教师审查，形成实施性计划（方案）。修改意见建议： 　　　　　　　　　　　　　　　　　小组代表（指导教师）签名：						
实施	我的工作计划顺利通过（　）已作修改（　），请求实施。						
实施	任务一：故障现象＿＿＿＿＿＿＿＿＿＿＿＿＿＿＿＿＿＿＿＿＿ 故障范围判定＿＿＿＿＿＿＿＿＿＿＿＿＿＿＿＿＿＿＿＿＿ ＿＿＿＿＿＿＿＿＿＿＿＿＿＿＿＿＿＿＿＿＿＿＿＿＿＿＿＿ 排除故障经过＿＿＿＿＿＿＿＿＿＿＿＿＿＿＿＿＿＿＿＿＿ ＿＿＿＿＿＿＿＿＿＿＿＿＿＿＿＿＿＿＿＿＿＿＿＿＿＿＿＿ ＿＿＿＿＿＿＿＿＿＿＿＿＿＿＿＿＿＿＿＿＿＿＿＿＿＿＿＿ 实际故障点＿＿＿＿＿＿＿＿＿＿＿＿＿＿＿＿＿＿＿＿＿＿＿ 任务二：故障现象＿＿＿＿＿＿＿＿＿＿＿＿＿＿＿＿＿＿＿＿ 故障范围判定＿＿＿＿＿＿＿＿＿＿＿＿＿＿＿＿＿＿＿＿＿ ＿＿＿＿＿＿＿＿＿＿＿＿＿＿＿＿＿＿＿＿＿＿＿＿＿＿＿＿ 排除故障经过＿＿＿＿＿＿＿＿＿＿＿＿＿＿＿＿＿＿＿＿＿ ＿＿＿＿＿＿＿＿＿＿＿＿＿＿＿＿＿＿＿＿＿＿＿＿＿＿＿＿ ＿＿＿＿＿＿＿＿＿＿＿＿＿＿＿＿＿＿＿＿＿＿＿＿＿＿＿＿ 实际故障点＿＿＿＿＿＿＿＿＿＿＿＿＿＿＿＿＿＿＿＿＿＿＿ 任务三：故障现象＿＿＿＿＿＿＿＿＿＿＿＿＿＿＿＿＿＿＿＿ 故障范围判定＿＿＿＿＿＿＿＿＿＿＿＿＿＿＿＿＿＿＿＿＿ ＿＿＿＿＿＿＿＿＿＿＿＿＿＿＿＿＿＿＿＿＿＿＿＿＿＿＿＿ 排除故障经过＿＿＿＿＿＿＿＿＿＿＿＿＿＿＿＿＿＿＿＿＿ ＿＿＿＿＿＿＿＿＿＿＿＿＿＿＿＿＿＿＿＿＿＿＿＿＿＿＿＿ ＿＿＿＿＿＿＿＿＿＿＿＿＿＿＿＿＿＿＿＿＿＿＿＿＿＿＿＿ 实际故障点＿＿＿＿＿＿＿＿＿＿＿＿＿＿＿＿＿＿＿＿＿＿＿						

班级		姓名		工作小组		工位号		
检查	检查项目	评 价 标 准			配分	自检	互检	备注
	通过操作正确判定故障现象	判别错误，每处故障扣 3 分 基本正确，每处故障扣 1～2 分			10			
	正确分析故障范围	故障区域判断错误，每次扣 5 分 分析电路思路不清，每次扣 2 分 故障区域判断过大，每次扣 2 分			20			
	正确排除故障，思路清楚，会使用仪表，准确修复故障	不能排除故障，每处扣 20 分 排除故障思路不清，每处扣 5 分 排除故障方法不正确，每次扣 5～10 分 仪表使用不正确，每次扣 3 分 扩大故障不能自行修复，每处扣 10 分；自行修复，每处扣 5 分 发生短路现象，每次扣 10 分（包括被监考制止） 损坏器材仪表，每次扣 10 分 修复故障时接错线，每次（条）扣 5 分 严重损坏设备及造成事故的，扣单项 30～60 分			60			
	严格遵守操作规程，做到安全文明操作	穿戴不符合要求或工具仪表不齐，扣 5 分 违规操作，每次扣 5 分			10			
	备注	参照国家相关《职业技能标准》和《行业技术标准》制定本检查细则			总分			
					检查员：			

检修情况记录：

班级			姓名		工作小组		工位号		
评价	评价内容		评价标准			配分	自我 评价	小组 评价	教师 评价
	方法能力		电气故障检修组织实施能力 制订、实施工作计划能力 查询电气故障检查方法能力			30			
	专业能力		20/5t 桥式起重机线路图的识读能力 20/5t 桥式起重机电气设备的操作能力 20/5t 桥式起重机电气故障的诊断排除能力 安全用电操作规程的认知能力 电工工具和仪表的使用能力			50			
	社会能力		沟通协调能力、语言表达能力 团队组织能力、班组管理能力 责任心与职业道德、安全与自我保护能力 环境适应能力			20			
	指导教师描述性评价：					小计			
						权重			
	指导教师签名： 日期：					总分			

任务实施工作小结反馈：

实施者签名： 日期：

设计改装篇

电气控制线路的设计工作页

编号：SJ01

班级		姓名		工作小组		工位号	
资讯	学习本任务之后达到的目标：						
	完成本任务，并通过查询、参阅相关资料后，回答以下问题： 1. 电动机的控制方式包括哪些？ 2. 一般电动机的保护形式有哪些？分别用什么电器进行保护？ 3. 简述电气控制线路的设计原则。 4. 电气控制线路的设计方法有哪两种？各有什么特点？ 5. 列举说出所学过的基本电气控制线路。						

班级		姓名		工作小组		工位号	
计划	计划总工时：						
	序号	各工作流程				计划工时	
决策	计划提交小组讨论或指导教师审查，形成实施性计划（方案）。修改意见建议： 　　　　　　　　　　　　　　　小组代表（指导教师）签名：						
实施	我的工作计划顺利通过（　　）已作修改（　　），请求实施。						
	画出电气控制线路图						

班级			姓名		工作小组		工位号	
	元器件明细表							
	序号	代号	名称		型号	规格		数量
实施								

班级		姓名		工作小组		工位号	

检查	检查中发现问题记录： 经验教训：

评价	评价内容	评价标准	配分	自我评价	小组评价	教师评价
	方法能力	资料收集整理能力 制订、实施工作计划能力 自主学习能力	30			
	专业能力	电气控制线路综合应用能力 电气控制线路的绘图能力 元器件选择能力 电气线路的检查能力	50			
	社会能力	沟通协调能力、语言表达能力 团队组织能力、班组管理能力 责任心与职业道德、安全与自我保护能力 环境适应能力	20			
	指导教师描述性评价： 指导教师签名：　　日期：		小计			
			权重			
			总分			

任务实施工作小结反馈：

实施者签名：　　日期：

用 PLC 设计改装基本电气控制线路工作页

编号：SJ02

班级		姓名		工作小组		工位号	

	学习本任务之后达到的目标：
资讯	完成本任务，并通过查询、参阅相关资料后，回答以下问题： 1. 画出三相双速电动机的接线方法。 　低速（接线图）　　　　　　高速（接线图） 2. PLC 的基本指令有哪些？请写出符号并解释。 3. 定时器有哪些类型？时钟脉冲有哪几种？ 4. 将下面指令语句转换成梯形图，并根据 X0 的状态画出 Y0 时序图。 　LD　　X000 　OUT　T1　K100 　LD　　T1 　OUT　Y000 　END 5. 用 PLC 改造电气控制线路应注意哪些问题？

（续）

班级		姓名		工作小组		工位号	

计划

计划总工时______，用 PLC 改造电气控制线路工作步骤：

序号	各工作流程	所需工具或材料	计划工时	备注

决策

计划提交小组讨论或指导教师审查，形成实施性计划（方案）。修改意见建议：

小组代表（指导教师）签名：

我的工作方案（计划）顺利通过（　　）已作修改（　），请求实施。

实施

一、I/O 端口分配。

输入			输出		
元件端口	符号	名称	元件端口	符号	名称

二、画出主电路，I/O 接线图。

三、画出梯形图或指令语句编程。

班级			姓名		工作小组		工位号	
检查	检查项目		评价标准			配分	自检	互检	备注

检查	检查项目	评价标准	配分	自检	互检	备注
检查	电路设计	1. 电气控制原理设计不全或设计错误，每处扣 1～3 分 2. 输入输出地址遗漏或搞错，每处扣 1～2 分 3. 梯形图表达不正确或画法不规范，每处扣 1～3 分 4. 接线图表达不正确或画法不规范，每处扣 1～3 分 5. 指令有错，每条扣 2～5 分	30			
	安装与接线	1. 元器件布置不整齐、不匀称、不合理，每个扣 2 分 2. 元器件安装不牢固、安装元器件时漏装木螺钉，每个扣 1 分 3. 损坏元器件扣 5 分 4. 电动机运行正常，如不按电气原理图接线，扣 3～5 分 5. 布线不入线槽，不美观，主电路、控制线路每根扣 1～2 分 6. 接点松动、露铜过长、反圈、压绝缘层，标记线号不清楚、遗漏或误标，引出端无别径压端子，每处扣 1 分 7. 损伤导线绝缘或线芯，每根扣 2 分 8. 不按 PLC 控制 I/O 接线图接线，每处扣 2～4 分	40			
	程序输入及调试	1. 不会熟练操作 PLC 键盘输入指令，扣 5～10 分 2. 不会用删除、插入、修改等命令，扣 5 分 3. 一次试车不成功扣 10 分；二次试车不成功扣 20 分；三次试车不成功本项不得分	30			
	安全文明生产	1. 违犯安全文明生产考核要求，每项扣 1～2 分，一般违规扣至 10 分 2. 发现考生有重大事故隐患时，每次扣 10～15 分；严重违规扣 15～50 分，直到取消考试资格	倒扣			
	备注	结合行业标准和安全规程	总分			
			检查员：			

评价	从职业能力三方面进行自我评价：

任务实施工作小结反馈：

实施者签名： 日期：

用 PLC 设计改装机床电气控制线路工作页

班级		姓名		工作小组		工位号	
资讯	学习本任务之后达到的目标：						
	完成本任务，并通过查询、参阅相关资料后，回答以下问题： 1. 画出 Z3040 型摇臂钻床摇臂上升过程的电流控制通道。 2. 画出 Z3040 型摇臂钻床立柱与主轴箱夹紧的电流控制通道。 3. 如何选择 PLC 的类型？ 4. 画图说明 PLC 应用设计和基本步骤。						

班级		姓名		工作小组		工位号	

计划总工时_____，用 PLC 改造 Z3040 型摇臂钻床控制线路工作步骤：

<table>
<tr><td rowspan="8">计划</td><td>序号</td><td>各工作流程</td><td>所需工具或材料</td><td>计划
工时</td><td>备注</td></tr>
<tr><td></td><td></td><td></td><td></td><td></td></tr>
<tr><td></td><td></td><td></td><td></td><td></td></tr>
<tr><td></td><td></td><td></td><td></td><td></td></tr>
<tr><td></td><td></td><td></td><td></td><td></td></tr>
<tr><td></td><td></td><td></td><td></td><td></td></tr>
<tr><td></td><td></td><td></td><td></td><td></td></tr>
<tr><td></td><td></td><td></td><td></td><td></td></tr>
</table>

决策	计划提交小组讨论或指导教师审查，形成实施性计划（方案）。修改意见建议： 小组代表（指导教师）签名： 我的工作方案（计划）顺利通过（　　）已作修改（　　），请求实施。

实施

一、I/O 端口分配。

输　　入			输　　出		
元件端口	符号	名称	元件端口	符号	名称

二、画出主电路，I/O 接线图。

三、画出梯形图或指令语句编程。

班级			姓名		工作小组		工位号	

检查	检查项目	评价标准	配分	自检	互检	备注
检查	电路设计	1. 电气控制原理设计不全或设计错误，每处扣 1～3 分 2. 输入输出地址遗漏或搞错，每处扣 1～2 分 3. 梯形图表达不正确或画法不规范，每处扣 1～3 分 4. 接线图表达不正确或画法不规范，每处扣 1～3 分 5. 指令有错，每条扣 2～5 分	30			
	安装与接线	1. 元器件布置不整齐、不匀称、不合理，每个扣 2 分 2. 元器件安装不牢固、安装元器件时漏装木螺钉，每个扣 1 分 3. 损坏元器件，扣 5 分 4. 电动机运行正常，如不按电气原理图接线，扣 3～5 分 5. 布线不入线槽，不美观，主电路、控制线路每根扣 1～2 分 6. 接点松动、露铜过长、反圈、压绝缘层、标记线号不清楚、遗漏或误标，引出端无别径压端子，每处扣 1 分 7. 损伤导线绝缘或线芯，每根扣 2 分 8. 不按 PLC 控制 I/O 接线图接线，每处扣 2～4 分	40			
	程序输入及调试	1. 不会熟练操作 PLC 键盘输入指令，扣 5～10 分 2. 不会用删除、插入、修改等命令，扣 5 分 3. 一次试车不成功扣 10 分；二次试车不成功扣 20 分；三次试车不成功本项不得分	30			
	安全文明生产	1. 违犯安全文明生产考核要求，每项扣 1～2 分，一般违规扣至 10 分 2. 发现考生有重大事故隐患时，每次扣 10～15 分；严重违规扣 15～50 分，直到取消考试资格	倒扣			
	备注	结合行业标准和安全规程	总分			
			检查员：			

评价	从职业能力三方面进行自我评价：

任务实施工作小结反馈：

实施者签名：　　　日期：

審核　　　　　　　　　　绘图

日期　　　　　　　　　　校对

75

绘图		审核	
校对		日期	

绘图		审核	
校对		日期	

审核			
日期			
	绘图		
	校对		

	审核			绘图
	日期			校对

83

		审核	日期
		绘图	校对

绘图		审核	
校对		日期	

	审核	日期
	绘图	校对

审核		绘图
日期		校对

审核	绘图
日期	校对

	审核	日期
	绘图	校对

绘图		审核	
校对		日期	

	审核	绘图
	日期	校对

绘图		审核	
校对		日期	

审核	绘图
日期	校对

	审核	
	日期	
	绘图	
	校对	

审核		
日期		
绘图		
校对		